DE L'UTILITÉ

DES

OBSERVATIONS MÉTÉOROLOGIQUES.

Publications de l'Union Médicale, des 10 et 21 Octobre 1854.

DE L'UTILITÉ

DES

OBSERVATIONS MÉTÉOROLOGIQUES.

PAR

LE PROFESSEUR FORGET, DE STRASBOURG.

Il existe dans la science des principes, des dogmes traditionnels qui se sont transmis d'âge en âge, à travers toutes les générations, triomphant de toutes les révolutions qui ont bouleversé le sol si tourmenté de notre science, et auxquels la vétusté communique un caractère sacré, une inviolabilité telle que, porter sur eux une main profane, c'est encourir la réprobation universelle. Ce n'est pas qu'à l'époque de libre examen, ou plutôt d'anarchie, où nous vivons, quelques consciences ne se révoltent, en secret, contre ces idoles vermoulues; mais à peu d'esprits est dévolu le courage de rompre en visière à tout le genre humain et de se mettre en révolte ouverte contre les préjugés séculaires et les doctrines qui sont l'objet de la vénération publique. « J'aurais la main pleine de vérités, que je ne l'ouvrirais pas, » disait Fontenelle, ce philosophe mondain de l'école de Démocrite. Tel est le fond de la pensée de tous; personne n'est envieux de s'immoler au triomphe futur des vérités nouvelles, et de faire, comme on dit, du donquichotisme scientifique, c'est-à-dire de sacrifier ses intérêts personnels et de se vouer au ridicule des opinions isolées.

Mais, ce que ne peuvent faire, sans se compromettre, de simples individus, les Sociétés peuvent le tenter ; car, du moment où des doutes sont soulevés vers une assemblée de savans, les individus peuvent espérer trouver des encouragemens et des appuis dans les tentatives d'insurrection qui fermenteraient au fond de leur conscience.

Eh bien ! c'est précisément ce que vient de faire la Société de médecine de Strasbourg, à l'endroit du dogme si respecté de l'importance des observations météorologiques, pour les progrès de la science et de l'art.

Ayant à statuer sur un sujet de prix à mettre au concours, la commission désignée à cet effet a soumis à la Société les deux sujets suivans : 1° *De l'anatomie pathologique des tubercules*; 2° *de l'utilité des observations météorologiques.*

La Société s'est décidée en faveur de la première question, au scrutin et à une faible majorité. Cela veut dire que, dans l'esprit de beaucoup de membres, l'utilité de la météorologie médicale peut au moins être révisée, sinon contestée.

Le vote de la Société de médecine m'a donné l'idée de prendre la question de la météorologie pour mon compte personnel et de voir, à la lueur de mes propres lumières, ce qu'il peut y avoir d'utile et de vrai dans cette relique vénérée de l'antiquité.

Une des idées qui ont dû surgir le plus naturellement dans l'esprit des observateurs de tous les lieux et de tous les temps, c'est que l'air, ce *pabulum vitæ*, comme on l'appelle, doit être la source de beaucoup de maladies, surtout de celles dites populaires ou épidémiques : *Aer ut vitæ sic et morborum causa.*

Cette grande et réelle origine d'une foule de maux fut érigée, pour ainsi dire, en corps de doctrine par Hippocrate qui, dans son *Traité des airs, des eaux et des lieux*, dans ses *Épidémiques*, dans son livre sur *les Vents*, et, finalement, dans la troisième section de ses *Apho-*

rismes, posa des principes qui se sont perpétués d'âge en âge avec une pureté telle, que la tradition n'en a presque rien retranché. Reste à rechercher ce qu'elle peut y avoir ajouté.

Dans le système hippocratique, ce sont les changemens et les altérations des saisons qui occasionnent les maladies; ce sont surtout les grandes intempéries de chaud, de froid, de sec et d'humide, lesquelles dépendent beaucoup de la force et de la direction des vents. Aussi donne-t-il le nom de constitution *boréale* au temps sec et froid, et celui de constitution *australe* au temps chaud et humide. C'est donc de l'intempérie des années, des saisons et des jours que proviennent les maladies épidémiques. Il est assez remarquable qu'Hippocrate tienne peu de compte des variations brusques de la température diurne qui nous préoccupent tant aujourd'hui; mais, en revanche, il accorde beaucoup d'influence aux intempéries des saisons et même des années qui ont précédé la constitution actuelle, circonstances dont les modernes se préoccupent très rarement.

Ce n'est pas qu'Hippocrate méconnût l'influence des autres causes hygiéniques, ainsi qu'il appert de son *Traité du régime*, et surtout de celui *des airs, des eaux et des lieux*; mais l'atmosphère était le grand laboratoire, la source par excellence des maladies populaires. S'il parle du *quid divinum*, c'est comme synonyme du *quid ignotum*, c'est-à-dire comme expression de notre ignorance, et non comme signifiant une cause matérielle, spécifique, étrangère aux élémens naturels de l'air. En somme, tout le système repose sur les combinaisons patentes ou occultes du froid et du chaud, du sec et de l'humide; ce que paraissent oublier les prétendus hippocratistes de nos jours, qui pensent rester fidèles à la doctrine du maître, en invoquant les causes dites spécifiques : miasmes, effluves, vices, virus, et autres, lesquels sont complètement étrangers à l'étiologie d'Hippocrate, si l'on en juge au moins par les aphorismes suivans :

Les constitutions annuelles sèches sont plus saines que les humides (*sect.* III, *aph.* 15).

Les constitutions journalières froides (boréales) resserrent les corps, celles qui sont chaudes (australes) relâchent les corps (*aph.* 17).

Les constitutions pluvieuses produisent des fièvres longues, des flux de ventre, des pourritures, des apoplexies, des angines.

Les constitutions sèches produisent des phthisies, des ophthalmies, des arthrites, des stranguries, des dysenteries (*aph.* 16).

Je ne m'arrêterai pas à commenter les quelques obscurités de ces aphorismes (1) ; je me bornerai à faire observer que certaines affections, aujourd'hui considérées comme dérivant de certaines causes réputées spécifiques, y sont franchement attribuées aux intempéries, ainsi les

(1) Les aphorismes d'Hippocrate relatifs aux affections produites par les intempéries ne comportent pas toujours toute la clarté et la précision désirables.

Ainsi, relativement aux affections de poitrine : douleur, toux, catarrhes, pleurésie, pneumonie, phthisie, on voit qu'elles peuvent se produire au printemps, en automne et en hiver, par les constitutions sèches ou froides. La phthisie, en particulier, naîtrait sous la constitution sèche, en automne, en hiver après un automne pluvieux. Tout cela est assez élastique.

Il en est de même de la diarrhée, des flux de ventre, de la dysenterie qui peuvent se produire indifféremment au printemps, en été, en automne, par les constitutions sèches et les constitutions pluvieuses.

Les ophthalmies naissent au printemps, en été et en automne.

Les apoplexies se montrent par les constitutions pluvieuses (australes) et par les constitutions froides (boréales).

L'arthrite se produit au printemps et par les constitutions sèches, ce qui ne s'accorde guère.

L'épilepsie ainsi que la manie et la mélancolie se montreraient de préférence au printemps et en automne, surtout par les constitutions pluvieuses. Cette étiologie de l'épilepsie ne cadre guère avec nos idées modernes.

Enfin, la fièvre intermittente se montrerait en été et en automne. La splénite et les hydropisies ne se montreraient qu'en automne. Quant au miasme paludéen, il n'en est fait nullement mention.

On voit que tout cela est fort sujet à discussion.

Il est facile, cependant, d'expliquer cette confusion en observant : 1° que la plupart de ces maladies naissent sous l'influence des variations plus ou moins brusques de température, variations qui, pouvant exister en toute saison, expliquent pourquoi les mêmes maladies se produisent en diverses saisons ; 2° qu'Hippocrate, ignorant la nature de beaucoup de maladies, mieux connues aujourd'hui, a dû errer sur leur étiologie ; telles sont les fièvres paludéennes, telle est l'épilepsie, sur la production de laquelle les intempéries n'ont qu'une influence très accessoire, etc.

fièvres longues (typhoïdes, probablement), les pourritures (gangrènes), les phthisies, les dysenteries, etc.

Ceci devient encore plus évident lorsqu'il s'agit des maladies propres aux diverses saisons, ainsi :

Le printemps produit des flux de sang, des angines, des coryzas, des toux, des exanthèmes, des arthrites (*aph.* 20).

L'été engendre des fièvres continues, ardentes, tierces, quartes, des vomissemens, des diarrhées, des ophthalmies, des ulcères de la bouche, des pourritures, des sudamina (*aph.* 21).

L'automne produit des fièvres quartes, des splénites, des hydropisies, des phthisies, des stranguries, des lientéries, des sciatiques, des angines, des asthmes, des iléus (*aph.* 22).

L'hiver donne naissance aux pleurésies, pneumonies, léthargies, coryzas, enrouemens, douleurs de poitrine, des lombes, céphalalgies, vertiges, apoplexies (*aph.* 23).

Ainsi, selon Hippocrate, les fièvres continues, les fièvres tierces, quartes, les ulcères de la bouche, les sudamina (miliaire), les exanthèmes, les arthrites, etc., etc., sont de purs effets des intempéries.

Il attribue également aux intempéries ce que nous rapportons, aujourd'hui, aux influences de l'électricité, comme il appert de l'*aphorisme* 5 : les vents du Midi causent des duretés de l'ouïe, des obscurcissemens de la vue, des pesanteurs de tête, des langueurs résolutives.

Il paraîtrait pourtant qu'Hippocrate se serait parfois relâché de son purisme météorologique, si je puis dire, car on nous raconte qu'il conjura la peste d'Athènes en faisant allumer des feux dans la ville, sans doute pour détruire quelque principe septique inconnu. On sait également qu'Empédocle, un sage de la même époque, délivra d'une grave épidémie Agrigente, sa patrie, en faisant combler un espace entre deux montagnes, par lequel arrivaient des vents pernicieux.

Quoi qu'il en soit, cette influence presque exclusive, attribuée par Hippocrate aux intempéries de l'atmosphère, est certainement la cause de ce culte quasi-superstitieux professé depuis lui pour les observations météorologiques par la presque universalité des médecins, glorieux de professer les doctrines de ce maître immortel, et qui rougiraient de se montrer en hostilité avec une autorité si vénérable. Quitte à eux, d'abord, de fausser fréquemment les dogmes d'Hippocrate, puis d'en tenir fort peu de compte, en application, ainsi que nous le verrons.

L'influence des astres, comme cause de maladies, avait été invoquée avant Hippocrate, qui la combat dans son livre *de la maladie sacrée.* Plus tard, Galien y revint timidement en accusant les phases de la lune d'influer sur les jours critiques. Mais ce furent surtout les auteurs cabalistiques du moyen âge qui créèrent l'astrologie médicale. Au XVIme siècle, l'hippocratiste Fernel lui-même crut devoir attribuer les maladies pestilentielles aux influences des astres; et vers le milieu du XVIIme, Sennert faisait encore dériver une épidémie de dysenterie de la conjonction de Mars et de Saturne. Un autre hippocratiste, l'illustre Baillon, puis Fréderic Hoffmann, Ramazzini et quelques autres, professèrent plus ou moins ce culte astrologique, lequel aujourd'hui même compterait encore quelques sectateurs, témoin le célèbre Hufeland, affirmant avec candeur que les vers intestinaux sont plus languissans et plus faciles à expulser au déclin de la lune. Voilà, certes, de grandes hérésies dogmatiques, professées par de grands praticiens que nous sommes habitués à considérer comme des continuateurs d'Hippocrate.

Sous l'influence de l'école arabique, le moyen âge vit également apparaître les créations de la chimie spéculative, laquelle suppose l'atmosphère imprégnée de sels particuliers, tels que le nitre aérien de Sylvius, ou de miasmes délétères, comme les vapeurs empoisonnées de Langius, ou de pernicieuses exhalaisons, telles que les émanations telluriques de Boerhaave et du grand Sydenham, ce soi-disant Hippocrate anglais. Il va sans dire qu'aucune de ces idées n'a reçu la sanction d'une démonstration positive, ce qui ne les empêche pas d'être fort goûtées de nos jours, à en juger par les élucubrations auxquelles ont donné lieu les diverses invasions du choléra, par exemple.

D'où viennent donc ces produits adultérins ainsi greffés sur le vieux tronc du dogme hippocratique? Ils viennent certainement de l'impuissance même où se trouve ce dogme, lorsqu'il s'agit d'expliquer l'apparition fortuite, inattendue de tant d'affections singulières ou terribles, dont l'étiologie échappe complètement aux interprétations de la météorologie courante.

C'est, en effet, pour cela que se sont insurgés contre les observations météorologiques certains hommes rares et courageux, tels que Sydenham, Grant, Ramazzini; Ramazzini qui, après avoir eu la constance de suivre ces observations pendant des années, les abandonna de guerre lasse, enfin convaincu de leur stérilité. Cependant les hippocratistes purs ne se tiennent pas pour battus : à ces grands renégats ils opposent les influences à longue date de l'oracle de Cos, et ils prétendent qu'on trouverait la clef de ces prétendues défaillances de la doctrine, si, comme le faisait Hippocrate, on voulait prendre en considération les constitutions atmosphériques des saisons précédentes et même des années antérieures, au lieu de se borner à celles du moment.

Nonobstant l'illustration de ces quelques opposans, la météorologie classique n'en a pas moins continué d'être célébrée par tous ceux qui ont abordé cette matière, avec une phraséologie telle que celle-ci : « Au moyen des observations météorologiques, le médecin peut pré- » dire quel sera le caractère dominant des maladies, même épidémiques, » dans les saisons suivantes, faire honneur à son art et *se couvrir de* » *gloire !* » (Lepecq de la Clôture.)

Sur de tels encouragemens, de laborieux observateurs se sont mis à l'œuvre avec une constance et un courage dignes d'un meilleur sort ; car, vraiment, on se demande quels sont ceux de ces martyrs qui se sont *couverts de gloire* à pareil métier. Notez qu'il ne s'agit de rien moins que d'épier et enregistrer l'état simultané du thermomètre, du baromètre, de l'hygromètre et de quelques autres instrumens encore, non seulement trois fois par jour, sans y manquer une fois, mais encore pendant la nuit. Cela ne ressemble-t-il pas un peu à l'héroïsme de Sanctorius qui, dit-on, passa nombre d'années sur le plateau d'une balance, et cela pour arriver à des résultats essentiellement vicieux?

Parmi les chefs-d'œuvre du genre, on compte les observations des médecins de Breslaw, les annales d'Huxham, le journal de médecine de

Vandermonde, etc. Louis XV avait institué des observations météorologiques dans tous les hôpitaux militaires de France, mais il n'en parut que deux volumes. Lepecq, dans son livre, approuvé par l'Académie des sciences et imprimé avec luxe aux frais du gouvernement (ce qui ne le fait pas lire davantage) ; Lepecq, après avoir conseillé d'organiser un système d'observation sur tous les points de la France, ajoute, dans son enthousiasme : « Un philosophe, un ami des hommes, pourrait-il » ne pas regarder cet établissement comme un des plus pressans besoins » de l'état ? »

Ces déclamations ont aujourd'hui même beaucoup de succès, et dans de nombreuses localités de patiens observateurs se dévouent à ce travail ingrat. Dans notre cité même, on a vu, pendant un demi-siècle, un vénérable savant, Herrenschneider, suivre les éphémérides météorologiques, et notre intéressant journal de médecine donne régulièrement, tous les mois, les relevés météorologiques, transmis par un de nos plus estimables confrères. Il en est de même à Nancy, où cette œuvre fastidieuse est réalisée par le Nestor de nos confrères de Lorraine.

En songeant aux résultats transmis par Hippocrate, ses imitateurs ont trouvé de puissans motifs d'émulation dans l'application des instrumens successivement émanés des progrès de la physique moderne : thermomètre, baromètre, hygromètre, électromètre, etc. Mais un des plus purs hippocratistes, ce même Lepecq, déjà plusieurs fois cité, fait remarquer lui-même, avec une naïveté charmante, « qu'Hippocrate n'observa pas » moins bien qu'on pourrait le faire aujourd'hui les variations de l'at- » mosphère et les intempéries de l'air... » Car, ajoute-t-il, « le médecin » n'a besoin que de connaître les excès. Ainsi, les seuls objets consi- » dérés par Hippocrate sont la chaleur, la froidure, la sécheresse, » l'humidité, les vents du Sud et ceux du Nord, » toutes choses qui relèvent des sensations individuelles et des observations les plus superficielles.

Et en effet, nous étayant d'une si grave autorité, nous demanderons ce que les progrès de la physique et tant de patientes observations nous ont appris de plus que ce qui se trouve dans Hippocrate. J'oserai même dire que nous avons rétrogradé, car nous ne tenons plus compte des constitutions annuelles antécédentes dont Hippocrate obtenait, nous dit-on, de si précieuses lumières. La météorologie médicale est devenue une espèce de travail mécanique, dans lequel on expose les élémens atmosphériques du mois, rarement de la saison, plus rarement de l'année courante, jamais des années précédentes ; puis on laisse le plus souvent au lecteur le soin de faire un travail de rapprochement entre les maladies et les états de l'atmosphère, travail dont le lecteur se dispense presque toujours. Parfois, il est vrai, quelques inductions sont essayées par les observateurs eux-mêmes, et alors elles portent, qu'on me passe le mot, sur de pures banalités, telles que celles-ci : « Pendant cette » période, le thermomètre a subi de brusques changemens, les vents ont » fréquemment varié du Nord au Sud ; aussi avons-nous observé beau- » coup d'affections de poitrine, d'angines, de rhumatismes, etc. » Ou bien, « la température a été généralement élevée et l'hygromètre a » révélé beaucoup d'humidité dans l'air, de là les embarras gastriques, » les diarrhées, les dysenteries et le caractère adynamique qui s'est » manifesté généralement dans les maladies. »

Eh bien ! en conscience, avons-nous besoin de lorgner nos instrumens trois fois chaque jour, et de nous lever assidûment à minuit pour arriver à de tels résultats ? Ne sont-ce pas là des observations qui frappent le premier venu qui sortira dans la rue ou regardera par sa fenêtre une ou deux fois par jour ?

Il y a plus, c'est que, même en l'absence de remarques atmosphériques, les maladies elles-mêmes trahissent en quelque sorte la météorologie, et l'on peut déduire celle-ci des maladies plus sûrement, peut-être, que les maladies de celle-ci. Je m'explique :

Lorsque l'atmosphère et la constitution médicale sont d'accord, on le signale, et l'on fait bien : *Quod abundat non vitiat ;* mais lorsque le désaccord se rencontre, on n'en dit rien, ou bien on va chercher les causes ailleurs, comme Sydenham et Ramazzini, sans que, pour cela, le dogme hippocratique paraisse altéré. Par exemple, nous expliquons par le froid et le chaud, le sec et l'humide, les affections vulgaires : bronchite, pneumonie, rhumatisme, embarras gastrique, diarrhée, etc. Mais qu'ont de commun ces états de l'atmosphère avec la variole, la scarlatine, la rougeole, l'érysipèle, le furoncle, le panaris, les oreillons, les névralgies, voire même la fièvre typhoïde, le choléra, la méningite épidémique, etc., etc. ?

Ce sont là des affections très communes pour la plupart, et dont la cause formelle pourtant est profondément ignorée.

Qu'on nous dise pourquoi, pendant l'été dernier, nous avions en nombre, et à la fois, dans notre service de clinique, des pneumonies, des purpura et des maladies de Bright. Pourquoi, dans ce moment même, voyons-nous régner simultanément des pneumonies, des névralgies et des oreillons ? Quel lien météorologique aperçoit-on entre ces maladies ? Et même parmi les affections que j'appellerai régulières dans leurs rapports avec l'atmosphère, qui nous dira pourquoi nous voyons régner tantôt la pleurésie, tantôt la pneumonie, d'autres fois la coqueluche, ou le croup, ou l'angine simple, ou le rhumatisme, ou l'apoplexie, etc., etc. ? Nous aurons beau combiner les quatre élémens atmosphériques, nous n'arriverons jamais à rien de satisfaisant, et resterons forcés à nous en tenir à de vagues données, même en invoquant les constitutions antérieures.

Voilà précisément ce qui donnait raison à Sydenham et consorts contre la doctrine d'Hippocrate, trop étroite certainement, surtout si vous faites rentrer son *quid ignotum* dans les combinaisons ignorées des élémens connus de l'atmosphère.

Les observations minutieuses n'arrivent donc qu'à des résultats vulgaires et insuffisans ; et la meilleure preuve que nous puissions apporter en faveur de notre thèse est certainement le peu de cas que paraissent avoir fait les plus illustres observateurs de tous les temps, de ces observations minutieuses. Sydenham et Stoll, ces coryphées de l'antiquité restaurée, ne s'en sont nullement occupés, et parmi les modernes il n'est pas un praticien illustre, en France, en Allemagne, en Angleterre, qui se préoccupe des éphémérides atmosphériques, bien que tous fassent semblant de s'incliner devant elles, comme on s'incline devant des reliques, bien qu'elles ne fassent plus de miracles. Il y a plus, ceux qui passent pour les sectateurs les plus purs des traditions hippocratiques, qui parlent de la météorologie avec le plus d'admiration et d'enthousiasme, se bornent presque tous à quelques indications générales placées en tête de leurs *constitutions*, comme à titre de profession de foi doctrinale et pour l'acquit de leur conscience : tels sont Baillou *(éphémérides)* Huxhàm (*maux de gorge*) et Lepecq lui-même, qui, après quelques aperçus météorologiques, expose l'interminable série de ses histoires de malades, soi-disant à la manière d'Hippocrate, c'est-à-dire superficielles, écourtées et sans utilité possible pour les lecteurs d'aujourd'hui.

De tout cela nous devons conclure que ce sont vaines déclamations que tous ces dithyrambes chantés à la gloire de la vieille météorologie, et que ce sont peines à peu près perdues que ces disquisitions diurnes et nocturnes appliquées à nos instrumens de physique.

Je ne prétends pas pourtant qu'il faille briser nos thermomètres, mais je dis qu'ils ne valent pas la peine que tant d'honnêtes observateurs se donnent pour eux; laissons les relevés diurnes au Bureau des longitudes et aux observatoires astronomiques, qui suffisent à nos besoins, et si nous aspirons au progrès médical, ayons le courage de nous avouer que c'est ailleurs qu'il faut le chercher, c'est-à-dire dans d'autres élémens atmosphériques que ceux observés jusqu'ici.

Eh bien ! certaines lueurs commençent à rayonner à l'horison de la science ; n'y aurait-il que cette inépuisable source de problèmes ineffables, l'électricité, déjà si vivement exploitée par les trafiquans de nouveautés. Il y a là quelque chose à faire sans doute ; mais il faut, avant tout, se défier de l'engouement, des illusions et des charlatans ?

Un nouvel élément, qui paraîtrait avoir des affinités réelles avec le précédent, est ce que M. Schœnbein, son inventeur, a nommé l'*ozone*, lequel pourrait bien n'être, à ce qu'il paraît, qu'une combinaison de l'oxygène et de l'électricité atmosphérique, bien que M. Schœnbein le considère comme constitué par un degré supérieur d'oxydation de l'hydrogène. Ce principe répandu dans l'air serait plus abondant en hiver et en temps de neige. Il paraît résulter de décharg électriques s'opérant dans l'atmosphère. Il a, par lui-même, une odeur de chlore, et, mélangé à l'air, il rappelle l'odeur de la machine électrique en action. Il attaque et détruit les matières colorantes, altère le ligneux et l'albumine; il fait périr les petits animaux qu'on y plonge. On reconnaît sa présence à la couleur brune qu'il communique au papier imprégné de sulfate ou de chlorure de magnésie, etc. C'est au moins ce qui résulte d'une communication faite à l'Académie des sciences par M. Becquerel (14 janvier 1850) (1).

Eh bien! cet ozone serait censé produire les affections catarrhales, ce qui revient à dire que c'est un irritant des voies respiratoires. Mais pourquoi les affections catarrhales aériennes affectent-elles tantôt les fosses nasales, tantôt la gorge, tantôt les bronches? Pourquoi prennent-elles tantôt la forme simple, tantôt la forme pseudo-membraneuse (diphtérite, croup), tantôt la forme nerveuse (coqueluche, grippe)? Autant de problèmes que l'ozone ne résoudra pas, je le crains bien.

Une autre découverte météorologique a été signalée dernièrement par M. Boussingault, c'est la présence de l'ammoniaque dans l'eau de pluie et le brouillard; il paraît, en outre, que l'ammoniaque est plus considérable dans l'air humide des villes que dans celui des champs. (Académie des sciences, 6 février 1854.) Nouveau principe irritant qui se dresse à côté de l'ozone pour expliquer la génésie des affections catarrhales par l'humidité. Quelle est la part à faire à chacun d'eux? Autre question: Si l'ammoniaque entre dans la constitution de l'air qui engendre les catarrhes, comment se fait-il que cet alcali passe pour guérir les affections catarrhales?

Enfin, on a signalé, dans ces derniers temps, la présence de l'iode dans l'air atmosphérique (Chatin); nouveau sujet de recherches pour la *néo-météorologie*.

Tel est, si je ne m'abuse, le bilan réel de la météorologie médicale. Récapitulons:

Nous savons, depuis Hippocrate:

(1) Voir le travail intéressant lu à la séance générale de la Société de médecine de Strasbourg, sur l'*ozone* (*Gaz. méd. de Strasbourg*, août 1854).

1° Que le froid engendre les phlegmasies franches, notamment celles des voies aériennes ;

2° Que le chaud produit principalement les phlegmasies digestives et les congestions cérébrales ;

3° Que les variations subites du chaud au froid causent plus volontiers les phlegmasies pulmonaires et pleurales, le rhumatisme articulaire, les névralgies ;

4° Que le sec constitue généralement une condition de salubrité ; mais qu'associé au froid ou au chaud, il produit des inflammations franches ;

5° Que l'humide relâche les tissus, dispose aux affections catarrhales, lymphatiques (scrofules, tubercules), au scorbut, etc. ;

6° Que le froid humide engendre spécialement les affections de la muqueuse aérienne (angine, bronchite, croup, coqueluche, grippe, etc.);

7° Que le chaud humide produit des affections de mauvaise nature, adynamiques, typhoïdes, scorbutiques, etc. ;

8° Que les miasmes répandus dans un air concentré engendrent le typhus ;

9° Que les effluves marécageuses font naître les affections dites paludéennes ;

10° Qu'effluves et miasmes aggravent les grandes épidémies en général ;

11° Que l'électricité de l'air influence manifestement bon nombre d'affections, et spécialement celles dites nerveuses ;

12° Que l'ozone, l'ammoniaque et l'iode atmosphérique peuvent être pour quelque chose dans la production de certaines affections, notamment des affections catarrhales ;

13° Mais ce que nous savons aussi, c'est que, d'abord, toutes ces maladies peuvent naître dans des conditions atmosphériques toutes différentes, en apparence, de celles qui les engendrent ordinairement ;

14° C'est qu'ensuite il est une foule d'autres affections d'origine atmosphériques très probablement, mais dont les causes génératrices nous échappent complétement.

Que si ce tableau du produit net de la science météorologique détruisait certaines illusions qui nous sont chères, portait le découragement parmi les laborieux champions de la météorologie, infligeait enfin une leçon de modestie aux prétentions de la médecine étiologique, pensez-vous qu'en définitive l'humanité dût beaucoup en souffrir ? Mon Dieu ! non ; et dans mainte autre circonstance je vous en ai dit le pourquoi :

C'est que, d'abord, les causes atmosphériques sont celles qu'il nous est le plus difficile d'éviter ;

C'est qu'ensuite ce sont celles qu'il nous est toujours enjoint de combattre, en tout état de cause, et que nous combattrons, de fait, en instituant l'hygiène des malades ;

C'est que nos remèdes doivent le plus souvent s'adresser à la maladie et non pas à des causes qui n'existent plus ou dont l'action est purement hypothétique ;

C'est, surtout, que les causes à nous connues sont presque toujours écrites dans les symptômes, ce qui nous dispense de les chercher ailleurs ;

C'est, enfin, que les indications thérapeutiques naissent des élémens morbides eux-mêmes, indépendans des causes réelles supposées ou ignorées qui ont engendré ces élémens.

Je le demande à tout praticien instruit et de bonne foi : sont-ce les causes qui le dirigent dans le traitement de la pneumonie, du croup, de l'apoplexie, du rhumatisme, de la dysenterie, de la fièvre typhoïde, du choléra, etc., etc. ?

C'est donc une doctrine moins étroite qu'on ne l'a supposé, que cet organicisme tant conspué de nos jours, surtout lorsqu'on y comprend les lésions matérielles et les lésions fonctionnelles tout à la fois.

C'est donc une doctrine féconde que cette doctrine des élémens positifs qui nous enseigne à voir et à combattre, dans les maladies, tout ce qui s'y trouve en réalité, certains de satisfaire ainsi à toutes les exigences de l'art ; car, en définitive, les causes ne peuvent agir qu'en impressionnant les organes et les fonctions.

Que si la cause est spéciale, l'impression organique et fonctionnelle sera spéciale également, et si nous savons lire cette spécialité dans les effets, bien peu nous importera la cause. Et, de fait, nous lisons l'effluve paludéenne dans la fièvre périodique; nous lisons le virus vénérien dans le chancre et la syphilide ; nous lisons l'émanation saturnine dans la colique des peintres ; de même nous lisons la cause atmosphérique dans les affections qui relèvent de l'atmosphère.

Cependant, cherchons, cherchons encore, car il est bien des inconnues dont la révélation est dévolue à l'avenir ; mais cessons de sanctifier des banalités ; n'usons pas nos forces à creuser l'ornière de la routine et frayons-nous, s'il se peut, des voies nouvelles, en nous défiant des illusions et en exigeant la preuve absolue des faits et des principes nouveaux avant de les ériger en conquêtes.

CONCLUSIONS.

1° Hippocrate a créé la météorologie médicale de toutes pièces, sans instrumens de précision, sans observations régulières.

2° Hippocrate n'invoquait, pour expliquer la production des maladies populaires, que les caractères sensibles de l'atmosphère.

3° Hippocrate en savait peut-être autant, peut-être plus que nous, sur les effets pathogéniques du froid et du chaud, du sec et de l'humide.

4° Plusieurs siècles d'observations exactes n'ont pas sensiblement avancé la météorologie médicale.

5° C'est donc par l'effet d'une sorte de superstition et de routine qu'on est convenu d'exalter unanimement l'extrême importance des observations météorologiques.

6° Ceux-là même qui prônent le plus l'importance de ces observations n'en font qu'une application vague et très restreinte.

7° Si la météorologie indique les maladies régnantes, les maladies régnantes indiquent aussi la météorologie.

8° Il serait téméraire d'annoncer comme certaine l'invasion de telles maladies, d'après les conditions de l'atmosphère, de même qu'il serait hasardeux de toujours déduire l'état de l'atmosphère d'après les maladies régnantes.

9° Car il y a des constitutions médicales qui sont en désaccord évident avec l'état de l'atmosphère.

10° Certaines maladies seulement paraissent dériver des qualités sensibles de l'atmosphère, telles sont les phlegmasies des voies aériennes, celles des voies gastriques, certaines affections cérébrables, le rhumatisme articulaire, etc.

11° Lors même que les intempéries peuvent servir à expliquer l'apparition des maladies, il est certaines particularités de siége, de forme, etc., qui restent inexplicables.

12° Il est une foule d'affections qui paraissent indépendantes des qualités sensibles de l'atmosphère, telles sont la variole, l'érysipèle, le panaris, le furoncle, les oreillons, la résorption purulente, les névralgies, et presque toutes les grandes épidémies : typhus, choléra, méningite, etc., etc.

13° L'observation des phénomènes ou élémens morbides, non seulement peut tenir lieu des observations météorologiques, mais encore supplée à l'insuffisance de celles-ci.

14° Les observations météorologiques peuvent avoir leur utilité comme simples élémens étiologiques et thérapeutiques ; mais, le plus souvent, il est possible de s'en passer.

15° Donc les observations météorologiques exactes, minutieuses, occasionnent beaucoup de peines inutiles, car elles sont, le plus souvent, ou banales, ou trompeuses, ou sans application possible.

16° Il convient de modifier ce genre d'investigations en l'appliquant à des élémens atmosphériques nouveaux, d'où puissent surgir des aperçus originaux.

Nota. — Il semble que nos doléances aient été entendues. On lit dans un compte-rendu des séances de l'Académie des sciences, en avril 1854 : « M. Vérité, de Beauvais, a conçu le plan, démontré la possibilité et commencé l'exécution d'un appareil qui enregistrera d'une manière exacte et très lisible, jour par jour, heure par heure, et sans qu'on ait besoin de s'en occuper, ou d'y toucher, pendant un mois entier : 1° l'élévation ou l'abaissement de la température; 2° les variations de pression atmosphérique; 3° les instans où il pleut, la quantité d'eau tombée; 4° le temps que cette eau met à s'évaporer; 5° l'état hygrométrique de l'atmosphère; 6° la direction du vent, sa vitesse plus ou moins grande et son intensité; 7° les momens où le soleil luit; 8° les momens où il neige, la quantité de neige tombée, le temps qu'elle reste à fondre; 9° peut-être, enfin, l'état électrique de l'atmosphère et le magnétisme terrestre. Toutes ces indications seront enregistrées sur une feuille de papier disposée dans ce but; chaque feuille comprendra et montrera aux yeux les observations de chaque mois; les douze feuilles réunies, que l'on pourra multiplier par la photographie, donneront les observations de l'année. »

Voilà, certes, un magnifique programme! Et il est beau d'apprendre qu'il est l'œuvre d'un modeste horloger de province. Je suis bien curieux de voir cela.

Paris. — Typographie Félix Malteste et Cie, rue des Deux-Portes-St-Sauveur, 22.

www.ingramcontent.com/pod-product-compliance
Lightning Source LLC
LaVergne TN
LVHW052035160826
845678LV00003B/1354
9782329625133